4 MATEMÁTICAS

SABERES BÁSICOS

SEGUNDO CICLO **PRIMARIA**

EDELVIVES

ÍNDICE

NUMERACIÓN

OPERACIONES

CÁLCULO MENTAL

MEDIDA

MOVIMIENTOS Y TRANSFORMACIONES

FIGURAS GEOMÉTRICAS

ORGANIZACIÓN Y ANÁLISIS DE DATOS

INCERTIDUMBRE

PENSAMIENTO COMPUTACIONAL

RESOLUCIÓN DE PROBLEMAS

NÚMEROS DE CUATRO Y CINCO CIFRAS

NÚMEROS DE CUATRO CIFRAS

Los números de cuatro cifras están formados por **unidades de millar (UM)**, **centenas (C)**, **decenas (D)** y **unidades (U)**.

1 **UM** = 10 **C** = 100 **D** = 1 000 **U**

El valor de cada una de las cifras de un número depende de la posición que ocupe en el mismo.

3748
- 8 → **8** unidades
- 4 → **4** decenas = **40** unidades
- 7 → **7** centenas = **700** unidades
- 3 → **3** unidades de millar = **3 000** unidades

DESCOMPOSICIÓN DE NÚMEROS DE CUATRO CIFRAS

Un número de cuatro cifras se puede descomponer de varias maneras:

3 748 = 3 UM + 7 C + 4 D + 8 U

$3\,748 = 3 \times 1\,000 + 7 \times 100 + 4 \times 10 + 8 \times 1$

$3\,748 = 3\,000 + 700 + 40 + 8$

LECTURA DE NÚMEROS DE CUATRO CIFRAS

Los números de cuatro cifras se leen empezando por las unidades de millar seguidas del término *mil*, para, acto seguido, continuar con las tres cifras siguientes.

Por ejemplo, 3 748 se lee:

3 → ***mil*** → **748** → *tres **mil** setecientos cuarenta y ocho*

Números ordinales

Los **números ordinales** se utilizan para indicar orden o posición.

1.º	Primero
2.º	Segundo
3.º	Tercero
4.º	Cuarto
5.º	Quinto
6.º	Sexto
7.º	Séptimo
8.º	Octavo
9.º	Noveno
10.º	Décimo
11.º	Undécimo
12.º	Duodécimo
13.º	Decimotercero
14.º	Decimocuarto
15.º	Decimoquinto
16.º	Decimosexto
17.º	Decimoséptimo
18.º	Decimoctavo
19.º	Decimonoveno
20.º	Vigésimo
21.º	Vigesimoprimero
22.º	Vigesimosegundo
23.º	Vigesimotercero
24.º	Vigesimocuarto
25.º	Vigesimoquinto
26.º	Vigesimosexto
27.º	Vigesimoséptimo
28.º	Vigesimoctavo
29.º	Vigesimonoveno
30.º	Trigésimo

NÚMEROS DE CINCO CIFRAS

Los números de cinco cifras están formados por **decenas de millar (DM)**, **unidades de millar (UM)**, **centenas (C)**, **decenas (D)** y **unidades (U)**.

1 **DM** = 10 **UM** = 100 **C** = 1 000 **D** = 10 000 **U**

El valor de las cifras de un número depende de la posición que ocupen en este.

65 396

- → **6** unidades
- → **9** decenas = **90** unidades
- → **3** centenas = **300** unidades
- → **5** unidades de millar = **5 000** unidades
- → **6** decenas de millar = **60 000** unidades

DESCOMPOSICIÓN DE NÚMEROS DE CINCO CIFRAS

Un número de cinco cifras se puede descomponer de varias maneras:

65 396 = 6 DM + 5 UM + 3 C + 9 D + 6 U

65 396 = 6 × 10 000 + 5 × 1 000 + 3 × 100 + 9 × 10 + 6 × 1

65 396 = 60 000 + 5 000 + 300 + 90 + 6

LECTURA DE NÚMEROS DE CINCO CIFRAS

Los números de cinco cifras se leen empezando por las decenas de millar y las unidades de millar seguidas de la palabra *mil*, para luego proseguir con las otras tres cifras.

Por ejemplo, 65 396 se lee:

65 → *mil* → **396** → *sesenta y cinco* ***mil*** *trescientos noventa y seis*

COMPARACIÓN, REPRESENTACIÓN Y APROXIMACIÓN

COMPARACIÓN DE NÚMEROS

Para saber si un número es mayor, igual o menor que otro, primero hay que fijarse en el número de cifras.

- Si dos números poseen **distinto número de cifras,** es mayor el que tiene más.

DM	UM	C	D	U
	8	0	0	0
1	3	2	0	0

El número 13 200 tiene cinco cifras. ↔ 13 200 > 8 000 ↔ El número 8 000 tiene cuatro cifras.

- Si dos números tienen el **mismo número de cifras,** estas se comparan una a una empezando por la izquierda hasta que la cifra de uno de ellos sea mayor que la del otro; ese será el número mayor.

DM	UM	C	D	U
3	6	5	2	8
3	6	1	7	9

Las decenas de millar son iguales. 3 = 3

Las unidades de millar son iguales. 6 = 6

Las centenas no son iguales. 5 > 1

36 **5**28 > 36 **1**79

REPRESENTACIÓN DE NÚMEROS

Los números de cuatro y cinco cifras se puede representar en la **recta numérica.**

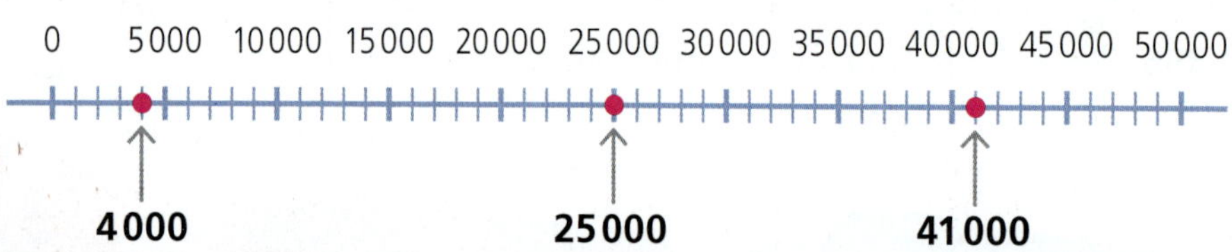

APROXIMACIÓN DE NÚMEROS

Para **aproximar** un número, hay que encontrar la centena, la unidad de millar o la decena de millar más cercana al mismo.

- Para **aproximar a las centenas,** se busca la centena inferior y la superior al número y se toma la más próxima, que es aquella cuya diferencia con el número es menor.

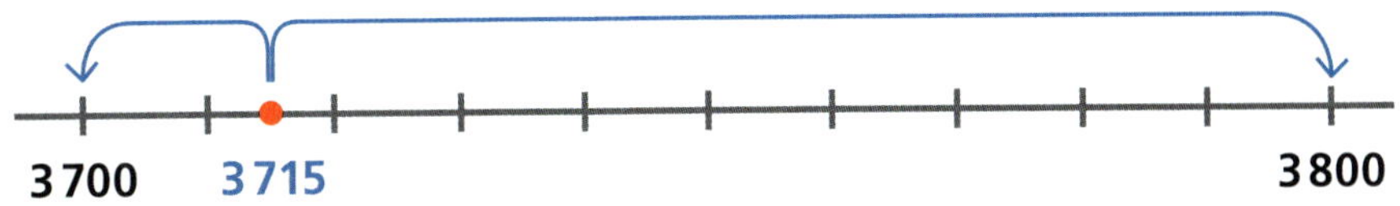

3715 – **3700** = 15
3800 – 3715 = 85

Como 15 < 85, la aproximación a las centenas de 3715 es 3700.

- Para **aproximar a las unidades de millar,** se busca la unidad de millar inferior y la superior al número y se toma la más próxima.

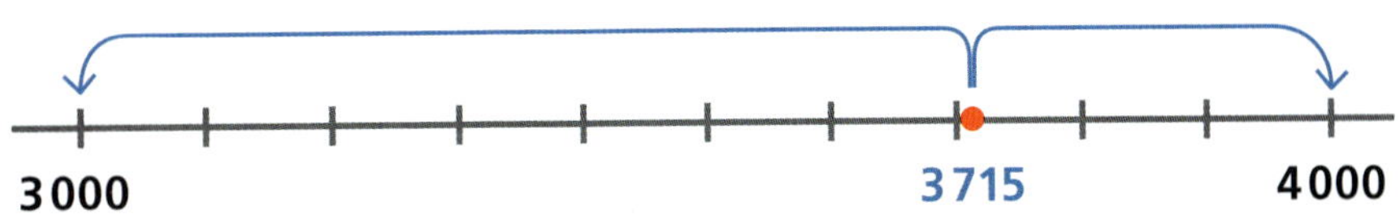

3715 – **3000** = 715
4000 – 3715 = 285

Como 285 < 715, la aproximación a las unidades de millar de 3715 es 4000.

- Para **aproximar a las decenas de millar,** se busca la decena de millar inferior y la superior al número en cuestión y se toma la más próxima.

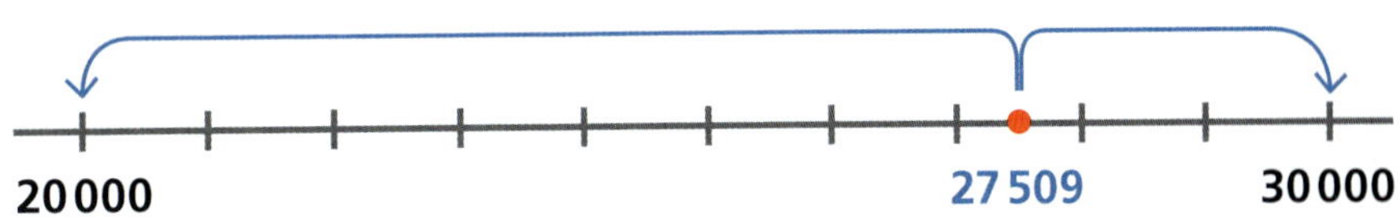

27509 – **20000** = 7509
30000 – 27509 = 2491

Como 2491 < 7509, la aproximación a las decenas de millar de 27 509 es 30000.

APROXIMACIÓN POR REDONDEO

Consiste en observar si la cifra que sigue a la que se quiere aproximar es menor o mayor que 5.

Si es menor que 5, el número se aproxima a la misma decena de millar.

DM	UM	C	D	U
8	4	9	2	5

Como 4 < 5, el número 84925 se aproxima a la decena de millar 80000.

Si es mayor o igual que 5, el número se aproxima a la decena de millar superior.

DM	UM	C	D	U
8	6	3	7	1

Como 6 > 5, el número 86371 se aproxima a la decena de millar 90000.

NÚMEROS DECIMALES

Una **décima** es cada una de las **diez partes iguales** en que se puede dividir una unidad. — 1 unidad = 10 décimas — 1 **U** = 10 **d**

Una **centésima** es cada una de las **cien partes iguales** en que se puede dividir una unidad. — 1 unidad = 100 centésimas — 1 **U** = 100 **c**

Una **milésima** es cada una de las **mil partes iguales** en que se puede dividir una unidad. — 1 unidad = 1 000 milésimas — 1 **U** = 1 000 **m**

COMPARACIÓN Y ORDENACIÓN DE NÚMEROS DECIMALES

Un **número decimal** es **mayor que** otro cuando, por este orden, su parte entera, sus décimas, sus centéismas o sus milésimas son mayores que las del otro número.

Mandarina clementina

151,15 g

Naranja de zumo

241,5 g

Mandarina fortuna

151,63 g

Naranja de mesa

241,56 g

- Primero se compara la parte entera. Como 241 > 151, la masa de las naranjas es mayor que la de las mandarinas.
- Después se cotejan por separado. Se observan las cifras de la parte decimal empezando por las décimas y, cuando sean iguales, se pasa a las centésimas.
- Para ordenar:
  - **De mayor a menor** → 241,56 > 241,5 > 151,63 > 151,15
  - **De menor a mayor** → 151,15 < 151,63 < 241,5 < 241,56

REPRESENTACIÓN DE NÚMEROS DECIMALES EN LA RECTA NUMÉRICA

Se dividen las unidades en 10 partes iguales para señalar las décimas, estas a su vez en 10 partes iguales para las centésimas, y estas, por último, en otras 10 partes iguales para las milésimas.

APROXIMACIÓN DE NÚMEROS DECIMALES

Para aproximar un número decimal a las unidades, a las décimas o a las centésimas, se elige la unidad, décima o centésima más cercana.

LECTURA DE NÚMEROS DECIMALES

Los números decimales representan cantidades que no son enteras.
Se escriben separando con una coma su **parte entera** y su **parte decimal.**

PARTE ENTERA					PARTE DECIMAL		
UM	C	D	U		d	c	m
	9	7	4	,	1	6	3

974,163 se lee

- *novecientas setenta y cuatro **unidades** y ciento sesenta y tres **milésimas***
- *novecientos setenta y cuatro **coma** ciento sesenta y tres*

MÚLTIPLOS Y DIVISORES

MÚLTIPLOS DE UN NÚMERO

Los **múltiplos** de un número son los productos que resultan de multiplicar ese número por cualquier otro número natural.

	1 × 4	2 × 4	3 × 4	4 × 4	5 × 4	6 × 4	...
Múltiplos de 4	4	8	12	16	20	24	...

DIVISORES DE UN NÚMERO

Los **divisores** de un número son aquellos números que lo dividen de forma exacta.

12 | **1** → 0 **12**

12 | **12** → 0 **1**

12 | **2** → 0 **6**

12 | **6** → 0 **2**

12 | **3** → 0 **4**

12 | **4** → 0 **3**

Todo número natural tiene un número limitado de divisores, entre los que se encuentran el 1 y el propio número.

Los divisores de 12 son 1, 2, 3, 4, 6 y 12.

CRITERIOS DE DIVISIBILIDAD

- Un número es **divisible por 2** si acaba en una cifra par: 0, 2, 4, 6 y 8.

  12**4**, 2**8**, 3**0** y 60**8** son divisibles por 2.

- Un número es **divisible por 3** si la suma de sus cifras es un múltiplo de 3.

  57 es divisible por 3, pues la suma de sus cifras es **5 + 7 = = 12,** que es múltiplo de 3.

- Un número es **divisible por 5** si acaba en 0 o en 5.

  2**5**, 6**0** y 10**5** son divisibles por 5.

- Un número es **divisible por 10** si acaba en 0.

  2**0**, 41**0**, 502**0**, 8**0** son divisibles por 10.

NÚMEROS PRIMOS Y NÚMEROS COMPUESTOS

Un **número primo** es aquel que tiene **dos divisores:** 1 y él mismo.

El número 7 solo tiene dos divisores: 1 y él mismo. Se trata, por tanto, de un número primo.

Dividendo	Divisor	Cociente	Resto
7	**7**	1	0
7	6	1	1
7	5	1	2
7	4	1	3
7	3	1	4
7	2	1	5
7	**1**	7	0

Un **número compuesto** es aquel que tiene **más de dos divisores.**

El número 8 tiene más dos divisores. Se trata, así, de un número compuesto.

Dividendo	Divisor	Cociente	Resto
8	**8**	1	0
8	7	1	1
8	6	1	2
8	5	1	3
8	**4**	2	0
8	3	2	2
8	**2**	4	0
8	**1**	8	0

SUMA DE NÚMEROS NATURALES

La **suma** permite calcular la cantidad que resulta al unir cantidades o añadir una cantidad a otra.

Términos de la suma

$$\begin{array}{rl} 835 & \leftarrow \text{Sumando} \\ +\ 421 & \leftarrow \text{Sumando} \\ \hline 1256 & \leftarrow \text{Suma} \end{array}$$

SUMA EN VERTICAL

Para sumar números en vertical, conviene empezar por las unidades y seguir por las decenas, las centenas, etcétera.

	DM	UM	C	D	U
	1	2	1		
		9	8	6	5
		3	7	4	3
+		1	4	7	0
	1	5	0	7	8

SUMA EN HORIZONTAL POR DESCOMPOSICIÓN

Para sumar números en horizontal, se descompone cada sumando en los valores de sus cifras y se suman dichas descomposiciones.

9865 + 1470

9000 + 800 + 60 + 5 + 1000 + 400 + 70 + 0

10000 + 1200 + 130 + 5

11335

PROPIEDAD CONMUTATIVA DE LA SUMA

La suma es **conmutativa** porque el orden en el que se suman los sumandos no modifica el resultado.

Propiedad conmutativa

$a + b = b + a$

250 + 324 = 574

324 + 250 = 574

PROPIEDAD ASOCIATIVA DE LA SUMA

La suma es **asociativa** porque la forma en que se agrupan los sumandos no cambia el resultado.

Propiedad asociativa

$(a + b) + c = a + (b + c)$

(20 + 5) + 50 → 25 + 50 → 75

20 + (5 + 50) → 20 + 55 → 75

Elemento neutro de la suma

Al sumar 0 a cualquier número se obtiene ese mismo número.

$a + 0 = 0 + a = a$

Se dice que 0 es el **elemento neutro** de la suma.

RESTA DE NÚMEROS NATURALES

La **resta** permite calcular la cantidad que resulta al quitar una cantidad a otra o la diferencia entre dos cantidades.

Términos de la resta

	4675	← Minuendo
–	1301	← Sustraendo
	3374	← Diferencia

RESTA EN VERTICAL

Para restar dos números en vertical, conviene restar primero las unidades y seguir por las decenas, las centenas, etcétera.

	DM	UM	C	D	U
				14	
	7	14	6	4	13
	~~8~~	~~4~~	~~7~~	~~5~~	~~3~~
–	1	6	2	8	5
	6	8	4	6	8

Si la cifra en el minuendo es menor que en el sustraendo, se convierte 1 unidad del orden superior en 10 unidades del siguiente orden y se resta.

RESTA EN HORIZONTAL POR DESCOMPOSICIÓN

Para restar números en horizontal, se descomponen en los valores de sus cifras y se restan dichas descomposiciones.

$$16285 - 14162$$

$$10000 + 6000 + 200 + 80 + 5 - (10000 + 4000 + 100 + 60 + 2)$$

$$0 + 2000 + 100 + 20 + 3$$

$$2123$$

PROPIEDAD FUNDAMENTAL DE LA RESTA

- Si se suma el mismo número al minuendo y al sustraendo de una resta, la diferencia no varía.

$$\begin{array}{r} 350 \\ -\ 300 \\ \hline 50 \end{array} \quad \xrightarrow{+25} \quad \begin{array}{r} 375 \\ -\ 325 \\ \hline 50 \end{array}$$

- Si se resta el mismo número al minuendo y al sustraendo de una resta, la diferencia no varía.

$$\begin{array}{r} 1700 \\ -\ 1100 \\ \hline 600 \end{array} \quad \xrightarrow{-100} \quad \begin{array}{r} 1600 \\ -\ 1000 \\ \hline 600 \end{array}$$

RELACIÓN DE SUMAS Y RESTAS

La suma y la resta son dos **operaciones inversas**.

$$a + b = c \begin{cases} c - a = b \\ c - b = a \end{cases}$$

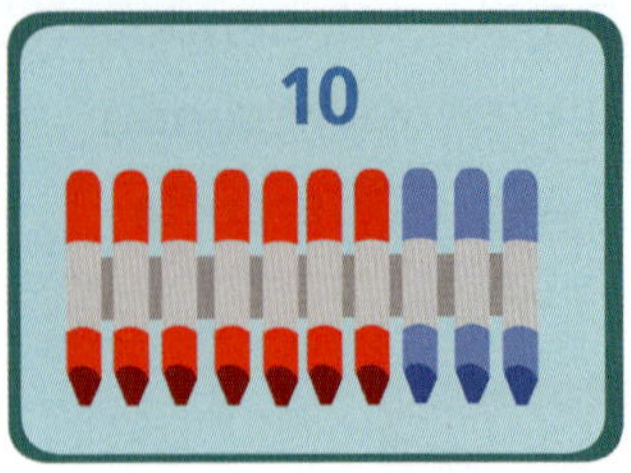

$7 + 3 = 10$

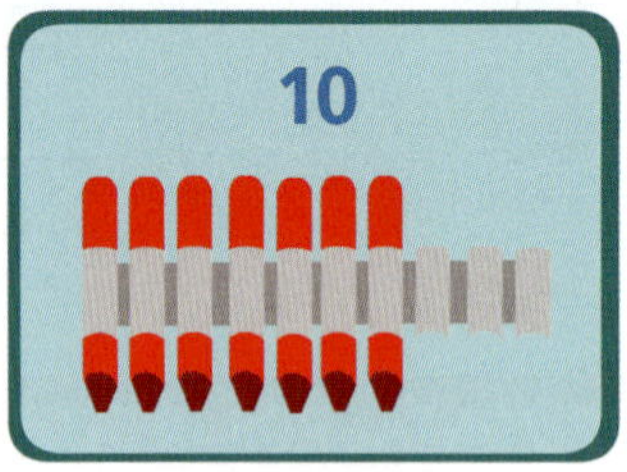

$10 - 3 = 7$

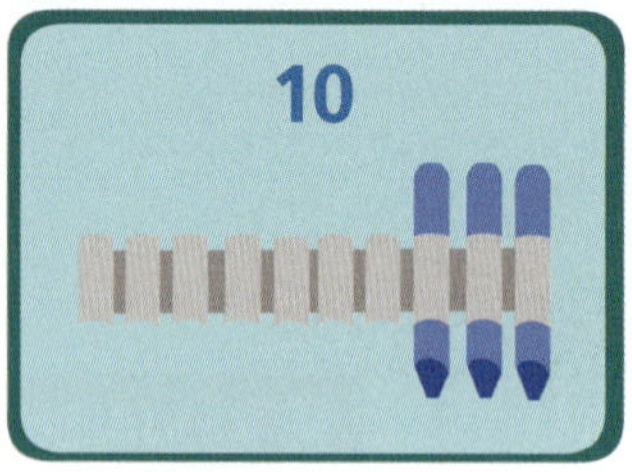

$10 - 7 = 3$

PRUEBA DE LA RESTA

Si en una resta se suman la **diferencia** y el **sustraendo,** el resultado es el **minuendo.** →

Resta
Minuendo
– Sustraendo
Diferencia

→

Prueba de la resta
Diferencia
+ Sustraendo
Minuendo

La prueba de la resta sirve para comprobar si una resta está bien realizada.

Minuendo →	1 2 5 9
Sustraendo →	– 9 8 7
Diferencia →	2 7 2

Diferencia →	2 7 2
Sustraendo →	+ 9 8 7
Minuendo →	1 2 5 9

OPERACIONES COMBINADAS

Cuando se tienen que realizar varias **sumas y restas combinadas,** se acostumbra a operar de izquierda a derecha.

$$16 + 28 - 5 = 44 - 5 = 39$$

Para realizar sumas y restas combinadas **con paréntesis,** se efectúa primero la operación que se encuentra dentro del paréntesis y, después, el resto de operaciones de izquierda a derecha.

$$100 - (37 + 54) = 100 - 91 = 9$$

MULTIPLICACIÓN DE NÚMEROS NATURALES

Multiplicar consiste en sumar varias veces **el mismo número**.

6 + 6 + 6 = 18 ← Suma

3 × 6 = 18 ← Multiplicación

Términos de la multiplicación

```
  8  ← Factor
× 5  ← Factor
----
 40  ← Producto
```

El signo de multiplicar, ×, se lee *por*.

LAS TABLAS DE MULTIPLICAR

Tabla del 0	Tabla del 1	Tabla del 2	Tabla del 3	Tabla del 4	Tabla del 5
0 × 0 = 0	0 × 1 = 0	0 × 2 = 0	0 × 3 = 0	0 × 4 = 0	0 × 5 = 0
1 × 0 = 0	1 × 1 = 1	1 × 2 = 2	1 × 3 = 3	1 × 4 = 4	1 × 5 = 5
2 × 0 = 0	2 × 1 = 2	2 × 2 = 4	2 × 3 = 6	2 × 4 = 8	2 × 5 = 10
3 × 0 = 0	3 × 1 = 3	3 × 2 = 6	3 × 3 = 9	3 × 4 = 12	3 × 5 = 15
4 × 0 = 0	4 × 1 = 4	4 × 2 = 8	4 × 3 = 12	4 × 4 = 16	4 × 5 = 20
5 × 0 = 0	5 × 1 = 5	5 × 2 = 10	5 × 3 = 15	5 × 4 = 20	5 × 5 = 25
6 × 0 = 0	6 × 1 = 6	6 × 2 = 12	6 × 3 = 18	6 × 4 = 24	6 × 5 = 30
7 × 0 = 0	7 × 1 = 7	7 × 2 = 14	7 × 3 = 21	7 × 4 = 28	7 × 5 = 35
8 × 0 = 0	8 × 1 = 8	8 × 2 = 16	8 × 3 = 24	8 × 4 = 32	8 × 5 = 40
9 × 0 = 0	9 × 1 = 9	9 × 2 = 18	9 × 3 = 27	9 × 4 = 36	9 × 5 = 45
10 × 0 = 0	10 × 1 = 10	10 × 2 = 20	10 × 3 = 30	10 × 4 = 40	10 × 5 = 50

Tabla del 6	Tabla del 7	Tabla del 8	Tabla del 9	Tabla del 10
0 × 6 = 0	0 × 7 = 0	0 × 8 = 0	0 × 9 = 0	0 × 10 = 0
1 × 6 = 6	1 × 7 = 7	1 × 8 = 8	1 × 9 = 9	1 × 10 = 10
2 × 6 = 12	2 × 7 = 14	2 × 8 = 16	2 × 9 = 18	2 × 10 = 20
3 × 6 = 18	3 × 7 = 21	3 × 8 = 24	3 × 9 = 27	3 × 10 = 30
4 × 6 = 24	4 × 7 = 28	4 × 8 = 32	4 × 9 = 36	4 × 10 = 40
5 × 6 = 30	5 × 7 = 35	5 × 8 = 40	5 × 9 = 45	5 × 10 = 50
6 × 6 = 36	6 × 7 = 42	6 × 8 = 48	6 × 9 = 54	6 × 10 = 60
7 × 6 = 42	7 × 7 = 49	7 × 8 = 56	7 × 9 = 63	7 × 10 = 70
8 × 6 = 48	8 × 7 = 56	8 × 8 = 64	8 × 9 = 72	8 × 10 = 80
9 × 6 = 54	9 × 7 = 63	9 × 8 = 72	9 × 9 = 81	9 × 10 = 90
10 × 6 = 60	10 × 7 = 70	10 × 8 = 80	10 × 9 = 90	10 × 10 = 100

MULTIPLICACIÓN POR UNA CIFRA

Para **multiplicar un número de varias cifras** por otro de **una sola cifra,** se multiplica cada una de las cifras del primer factor por el segundo, empezando por las unidades.

$$\begin{array}{r} 1\ 3\ 9 \\ \times\ \ \ \ 5 \\ \hline {}^{4}\leftarrow{}^{4}5 \end{array} \qquad \begin{array}{r} 1\ 3\ 9 \\ \times\ \ \ \ 5 \\ \hline {}^{1}\overset{4}{5}\ 5 \end{array} \qquad \begin{array}{r} 1\ 3\ 9 \\ \times\ \ \ \ 5 \\ \hline {}^{1}\leftarrow{}^{1}9\ 5 \end{array} \qquad \begin{array}{r} 1\ 3\ 9 \\ \times\ \ \ \ 5 \\ \hline \overset{1}{5}\ 9\ 5 \end{array} \qquad \begin{array}{r} 1\ 3\ 9 \\ \times\ \ \ \ 5 \\ \hline 6\ 9\ 5 \end{array}$$

MULTIPLICACIÓN POR DOS CIFRAS

UM	C	D	U
	3	6	8
×		2	4
1	4	7	2 ←
+ 7	3	6 ←	
8	8	3	2

Se multiplican las cifras del primer factor por las unidades del segundo. El resultado se coloca a partir de las unidades.

Se multiplican ahora las cifras del primer factor por las decenas del segundo. El resultado se coloca a partir de las decenas.

Se suman los productos parciales.

PROPIEDAD CONMUTATIVA DE LA MULTIPLICACIÓN

La multiplicación es **conmutativa** porque el orden en el que se multiplican los factores no altera el producto.

$$4 \times 6 = 24$$

$$6 \times 4 = 24$$

Propiedad conmutativa

$$\mathbf{a \times b = b \times a}$$

ELEMENTO NEUTRO DE LA MULTIPLICACIÓN

Al multiplicar un número por 1 se obtiene ese mismo número.

$$a \times 1 = 1 \times a = a$$

Se dice que 1 es el **elemento neutro** de la multiplicación.

ELEMENTO NULO DE LA MULTIPLICACIÓN

Al multiplicar cualquier número por 0 se obtiene 0.

$$a \times 0 = 0 \times a = 0$$

Se dice que 0 es el **elemento nulo** de la multiplicación.

PROPIEDAD ASOCIATIVA DE LA MULTIPLICACIÓN

La multiplicación es **asociativa** porque la forma en que se agrupan los factores no altera el producto.

$$2 \times (3 \times 50) \rightarrow 2 \times 150 \rightarrow 300 \qquad (2 \times 3) \times 50 \rightarrow 6 \times 50 \rightarrow 300$$

Propiedad asociativa

$$\mathbf{(a \times b) \times c = a \times (b \times c)}$$

PROPIEDAD DISTRIBUTIVA DE LA MULTIPLICACIÓN

La multiplicación es **distributiva** respecto de la suma y la resta porque la multiplicación de un número por una suma o una resta es igual a la suma o la resta de los productos.

$$3 \times (2 + 4) \rightarrow 3 \times 6 \rightarrow 18 \qquad 3 \times 2 + 3 \times 4 \rightarrow 6 + 12 \rightarrow 18$$

Propiedad distributiva

$$\mathbf{a \times (b + c) = a \times b + a \times c}$$

$$\mathbf{a \times (b - c) = a \times b - a \times c}$$

DIVISIÓN DE NÚMEROS NATURALES

Dividir consiste en **repartir** una cantidad a partes iguales entre un determinado **número de grupos** o en **separar** una cantidad en grupos de un cierto **número de elementos**.

```
Dividendo          Divisor
   └──→ 39 | 5 ←──┘
   ┌──→  4   7 ←──┐
Resto              Cociente
```

DIVISIÓN POR UNA CIFRA

El **dividendo** es **menor** que el **producto del divisor por 10.**

```
 4 2 | 6
-4 2   7
   0
```

El **dividendo** es **mayor** que el **producto del divisor por 10.**

La **primera cifra del dividendo es mayor o igual que el divisor.**

```
 6 7 | 4
-4     1 6
 2 7
-2 4
   3
```

La **primera cifra del dividendo** es **menor que el divisor.**

```
 3 1 8 | 8
-2 4     3 9
   7 8
  -7 2
     6
```

DIVISIÓN POR DOS CIFRAS

Las **dos primeras cifras del dividendo** forman un número **mayor que el divisor.**

```
 9 5 7 | 3 6
-7 2     2   ←   36 × 1 = 36
 2 3             36 × 2 = 72
                 36 × 3 = 108
```

```
 9 5 7 | 3 6
-7 2     2 6 ←   36 × 5 = 180
 2 3 7           36 × 6 = 216
-2 1 6           36 × 7 = 252
   2 1
```

Las **dos primeras cifras del dividendo** forman un número **menor que el divisor.**

```
 2 4 6 0 | 5 8
-2 3 2     4   ←   58 × 3 = 174
   1 4             58 × 4 = 232
                   58 × 5 = 290
```

```
 2 4 6 0 | 5 8
-2 3 2     4 2 ←   58 × 1 = 58
   1 4 0           58 × 2 = 116
  -1 1 6           58 × 3 = 174
     2 4
```

OPERACIONES COMBINADAS

Para realizar operaciones combinadas con sumas, restas, multiplicaciones y divisiones, se sigue la **jerarquía de las operaciones.**

1.º Se realizan las operaciones que están dentro de los paréntesis y los corchetes, empezando por los interiores.

2.º Se calculan las multiplicaciones y divisiones.

3.º Se resuelven las sumas y restas.

$$35 : (5 - 4) + 8 \times (10 - 7)$$
$$35 : 1 + 8 \times 3$$
$$35 + 24$$
$$59$$

OPERACIONES CON NÚMEROS DECIMALES

SUMA DE NÚMEROS DECIMALES

Para **sumar números decimales,** se pueden colocar uno debajo del otro, de modo que coincidan en la misma columna las cifras de igual orden y, a continuación, se suman.

$$\begin{array}{r} {}^{1}\\ 20{,}73 \\ +\ 18{,}51 \\ \hline 39{,}24 \end{array}$$

20,73 + 18,51 = 39,24 €

RESTA DE NÚMEROS DECIMALES

Para **restar dos números decimales,** se pueden colocar uno debajo del otro, de modo que coincidan en la misma columna las cifras de igual orden y, a continuación, se restan.

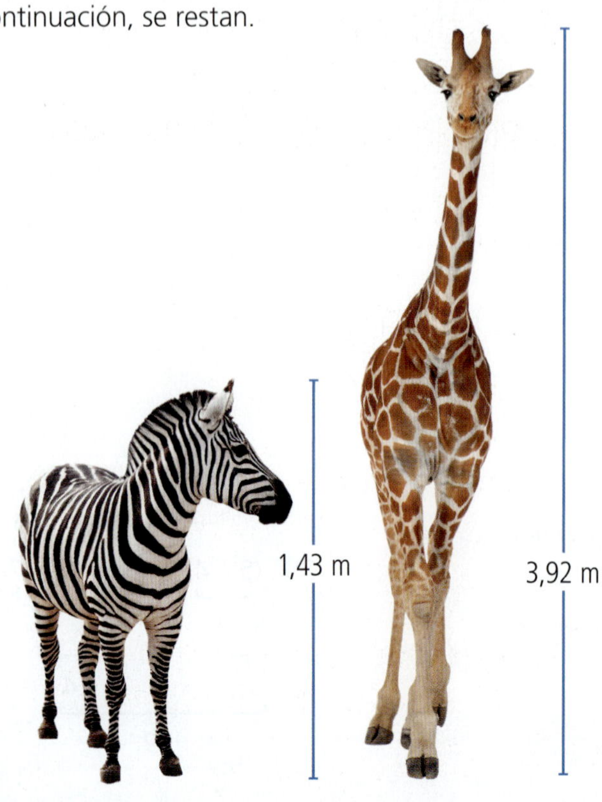

$$\begin{array}{r} {}^{8\ 12}\\ 3{,}92 \\ -\ 1{,}43 \\ \hline 2{,}49 \end{array}$$

3,92 – 1,43 = 2,49 m

ESTRATEGIAS DE CÁLCULO MENTAL

SUMAR

- Sumar 21 a números de dos cifras.

  30 + **21** = **51**

- Sumar 31 a números de dos cifras.

  17 + **31** = **48**

- Sumar 49 a números de dos y tres cifras.

  20 **+ 49** = 20 **+ 50 – 1** = 70 – 1 = 69

- Sumar 199 a números de dos y tres cifras.

  35 **+ 199** = 35 **+ 200 – 1** = 234

- Sumar 299 a números de dos y tres cifras.

  47 **+ 299** = 47 **+ 300 – 1** = 346

RESTAR

- Restar 21 a números de dos cifras.

  56 – **21** = **35**

- Restar 31 a números de dos cifras.

  79 – **31** = **48**

- Restar 49 a números de dos y tres cifras.

  86 **– 49** = 86 **– 50 + 1** = 36 + 1 = 37

- Restar 199 a números de tres cifras.

  546 **– 199** = 546 **– 200 + 1** = 347

- Restar 299 a números de tres cifras.

  671 **– 299** = 671 **– 300 + 1** = 372

SUMAR Y RESTAR

- Sumar y restar 29 a números de dos cifras.

  47 **+ 29** = 47 **+ 30 – 1** = 76

- Sumar y restar 39 a números de dos cifras.

  56 **+ 39** = 56 **+ 40 – 1** = 95

- Sumar décimas o centésimas exactas a números decimales.

  3,**7** + 0,**1** = 3,**8**   23,**03** + 0,**51** = 23,**54**

- Restar décimas exactas a números decimales.

  8,**4** – 0,**3** = 8,**1**   2,**8** – 0,**3** = 2,**5**

SERIES

- Seguir series de 25 en 25.

  25, **50**, **75**, 100, 1**25**, 1**50**, 1**75**, 2**00**, …

- Seguir series de 50 en 50.

  50, 1**00**, 1**50**, 2**00**, 2**50**, 3**00**, 3**50**, …

- Seguir series de 1 000 en 1 000.

  1 000, **2** 000, **3** 000, **4** 000, **5** 000, …

- Seguir series de 10 000 en 10 000.

  10 000, **20** 000, **30** 000, **40** 000, **50** 000, …

MULTIPLICAR

- Multiplicar decenas exactas entre sí.

  20 × **10** = **200**

- Multiplicar números de dos cifras por 4.

  56 × **4** = 56 × **2 × 2** = 102 × 2 = 204

- Multiplicar números de dos cifras por 5.

  64 × **5** = 64 × **10 : 2** = 640 : 2 = 320

- Multiplicar números de dos cifras por 6.

  35 × **6** = 35 × **2 × 3** = 70 × 3 = 210

DIVIDIR

- Calcular la mitad de un número.

  54 : 2 = **27**

  40 + **14**

- Calcular la tercera parte de un número.

  873 : 3 = **291**

  600 + **270** + **3**

- Calcular la cuarta parte de un número

  1 500 : 4 = **375**

  1 200 + **280** + **20**

UNIDADES DE MEDIDA

TEMPERATURA

La **temperatura** es la magnitud que mide la **cantidad de calor** que hay en un cuerpo o en el ambiente.

La unidad de medida de temperatura de la escala Celsius es el **grado Celsius (ºC).**

La escala Celsius asigna el valor 0 a la temperatura de congelación del agua y el valor 100 a la temperatura de ebullición.

LONGITUD

El **metro (m)** es la unidad principal de medida de **longitud.**

Para medir **longitudes mayores que el metro,** se utilizan sus **múltiplos.**

Kilómetro (km)	Hectómetro (hm)	Decámetro (dam)
1 km = 1 000 m	1 hm = 100 m	1 dam = 10 m

Para medir **longitudes menores que el metro,** se emplean sus **submúltiplos.**

Decímetro (dm)	Centímetro (cm)	Milímetro (mm)
1 m = 10 dm	1 m = 100 cm	1 m = 1 000 m

MASA

El **gramo (g)** es la unidad principal de medida de **masa.**

Para medir **masas mayores que el gramo,** se usan sus **múltiplos.**

Kilogramo (kg)	Hectogramo (hg)	Decagramo (dag)
1 kg = 1 000 g	1 hg = 100 g	1 dag = 10 g

Para medir **masas menores que el gramo,** se utilizan sus **submúltiplos.**

Decigramo (dg)	Centigramo (cg)	Miligramo (mg)
1 g = 10 dg	1 g = 100 cg	1 g = 1 000 mg

El **kilogramo** es una unidad de masa muy usada. Es conocido comúnmente como **kilo.**

Otras unidades que se usan en el ámbito cotidiano son el **medio kilo** y el **cuarto de kilo.**

Medio kilo = 500 g

Un cuarto de kilo = 250 g

CAPACIDAD

El **litro (l)** es la unidad principal de medida de **capacidad.**

Para medir **masas mayores que el litro,** se utilizan sus **múltiplos.**

Kilolitro (kl)	Hectolitro (hl)	Decalitro (dal)
1 kl = 1 000 l	1 hl = 100 l	1 dal = 10 l

Para medir masas **menores que el litro,** se usan sus **submúltiplos.**

Decilitro (dl)	Centilitro (cl)	Mililitro (ml)
1 l = 10 dl	1 l = 100 cl	1 l = 1 000 ml

EQUIVALENCIAS ENTRE UNIDADES

A la hora de cambiar de unidades, hay que tener en cuenta que cada unidad es 10 veces mayor que la inmediatamente inferior y 10 veces menor que la inmediatamente superior.

× 10 (de cada unidad a la siguiente hacia la derecha)

km	hm	dam	**m**	dm	cm	mm
kg	hg	dag	**g**	dg	cg	mg
kl	hl	dal	**l**	dl	cl	ml

: 10 (de cada unidad a la siguiente hacia la izquierda)

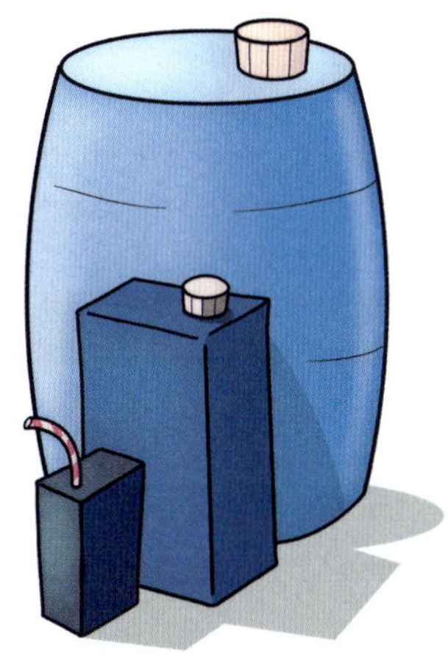

EXPRESIÓN EN FORMA SIMPLE Y EN FORMA COMPLEJA

Las medidas pueden expresarse de dos formas distintas:

Forma simple

La medida se expresa con **una sola unidad.**

Forma compleja

La medida se expresa con **varias unidades.**

Vera mide **175 cm.**

Vera ha caminado **4 600 m.**

Vera mide **1 m 75 cm.**

Vera ha caminado **4 km 6 hm.**

km	hm	dam	m	dm	cm	mm
			1	7	5	
4	6	0	0			

TRASLACIONES Y SIMETRÍAS

TRASLACIONES

Una **traslación** es un desplazamiento de una figura o cuerpo en una dirección dada, de modo que se mantienen su forma, tamaño y orientación.

En una traslación, todos los puntos de una figura se desplazan la misma longitud en la misma dirección y sentido.

Las flechas indican la longitud, dirección y sentido en el que se desplazan las figuras.

Traslación horizontal

Traslación oblicua

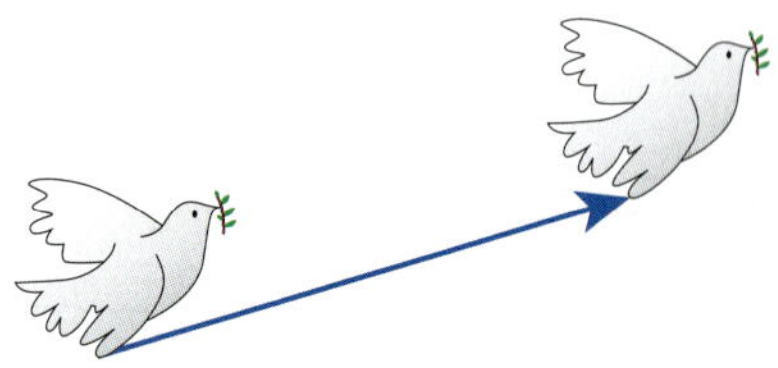

Traslación vertical

CONSTRUCCIÓN DE FIGURAS TRASLADADAS

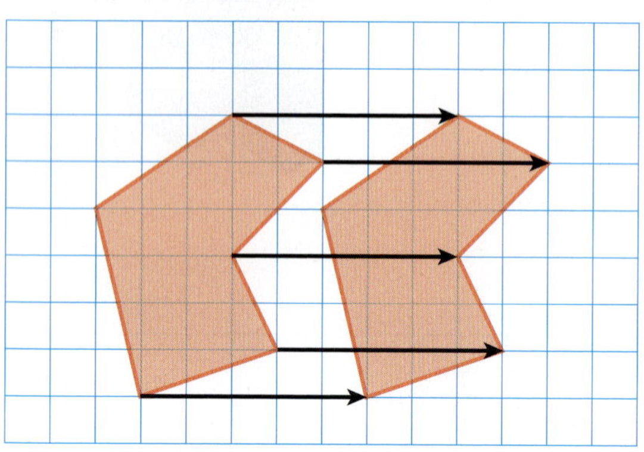

Cada vértice se mueve 5 cuadritos hacia la derecha.

Estas figuras no resultan de una traslación.

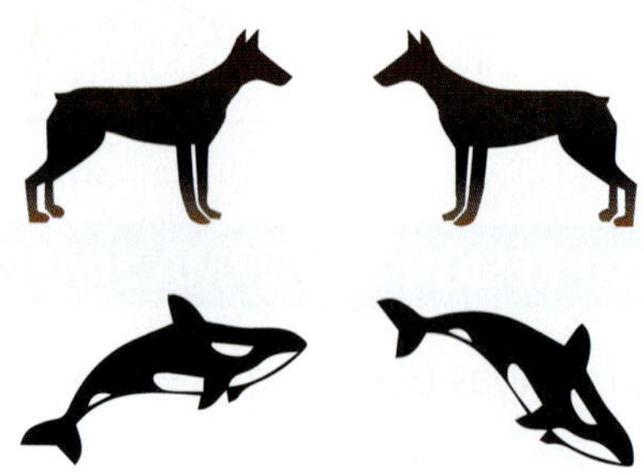

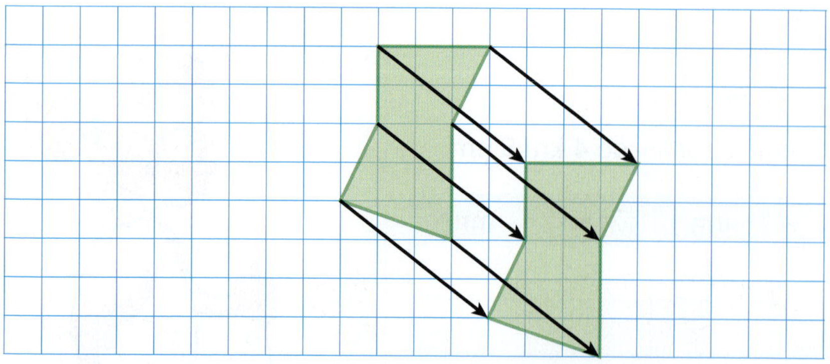

Cada vértice se mueve 3 cuadritos hacia abajo y, a continuación, 4 cuadritos hacia la derecha.

SIMETRÍAS

Dos figuras son **simétricas** respecto a un eje si, al doblar por este eje el plano que las contiene, ambas figuras coinciden.

Simetría de eje vertical

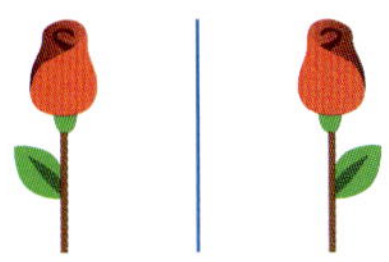

Simetría de eje horizontal

No son figuras simétricas.

Una figura es **simétrica** respecto a un eje si, al doblar por este eje el plano que la contiene, las dos mitades en que queda dividida la figura coinciden.

Simetría de eje vertical

Simetría de eje horizontal

No tienen ninguna simetría.

El eje respecto al cual dos figuras son simétricas, así como el que divide una figura en dos mitades simétricas, recibe el nombre de **eje de simetría.**

CONSTRUCCIÓN DE SIMETRÍAS

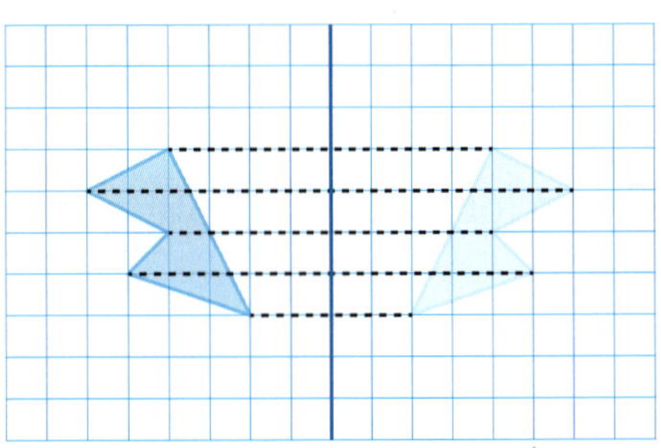

Desde cada vértice se cuentan los cuadritos que hay hasta el eje y después, siguiendo la misma recta, se cuenta el mismo número de cuadritos al otro lado del eje.

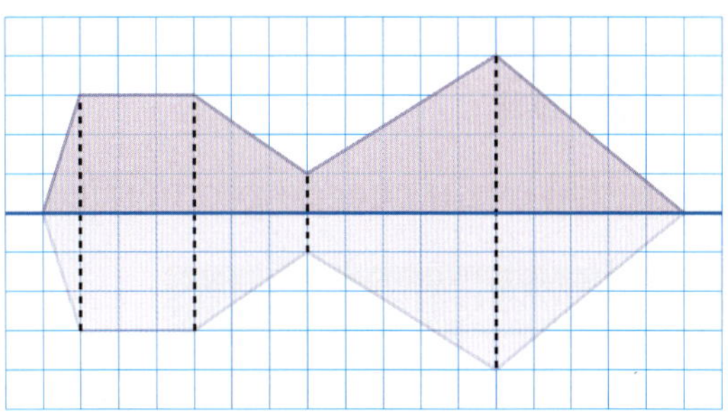

FIGURAS GEOMÉTRICAS DE UNA, DOS Y TRES DIMENSIONES

FIGURAS GEOMÉTRICAS DE UNA DIMENSIÓN

Una **línea** es una figura geométrica de **una dimensión,** puesto que solo tiene longitud, como la recta y la circunferencia.

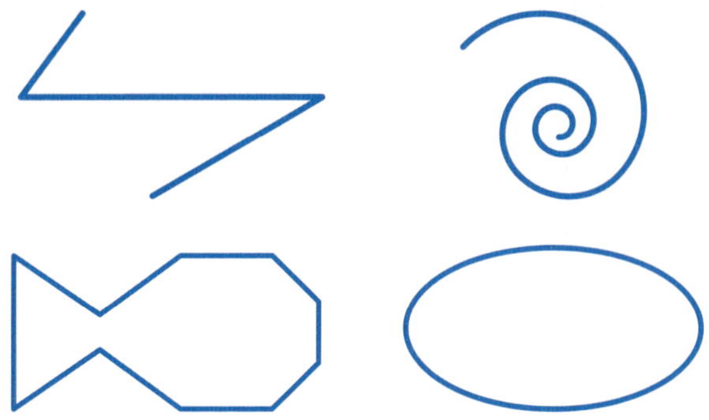

FIGURAS GEOMÉTRICAS DE DOS DIMENSIONES

Una **figura plana** es una figura geométrica de **dos dimensiones,** en tanto que tiene largo y ancho, como el rectángulo.

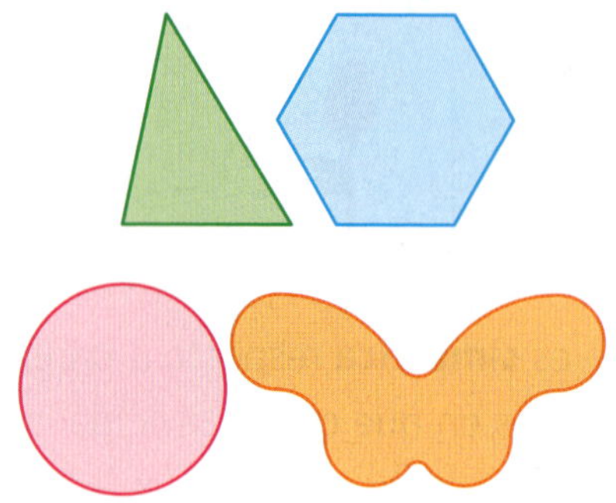

FIGURAS GEOMÉTRICAS DE TRES DIMENSIONES

Los **cuerpos geométricos** son figuras geométricas de **tres dimensiones,** dado que tienen largo, ancho y alto, como el cubo y la esfera.

POLIEDROS

Un **poliedro** es un cuerpo geométrico cuya **superficie exterior** está formada por **polígonos.**

ELEMENTOS DE UN POLIEDRO

Todo poliedro consta de los siguientes **elementos:**

Cara. Cada uno de los polígonos que delimitan el poliedro.

Arista. Segmento donde se unen dos caras.

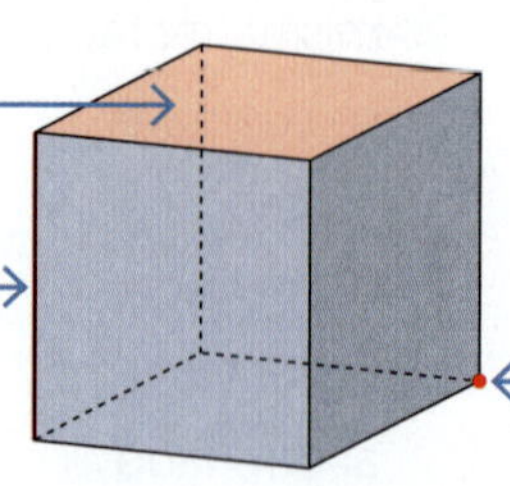

Vértice. Punto donde se unen las aristas.

DESARROLLO PLANO DE UN POLIEDRO

El **desarrollo plano** de un poliedro es la superficie que se obtiene al extender sus caras en el plano tras cortar algunas de sus aristas.

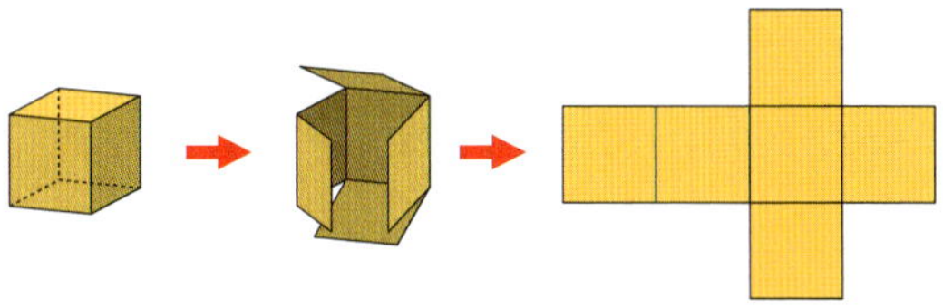

PRISMAS

Un **prisma** es un poliedro formado por **dos bases poligonales** iguales y paralelas y por **caras laterales** que son **paralelogramos.**

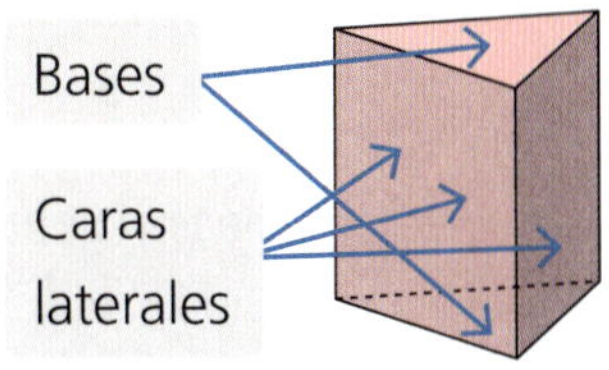

PIRÁMIDES

Una **pirámide** es un poliedro formado por **una base poligonal** y caras laterales que son **triángulos.**

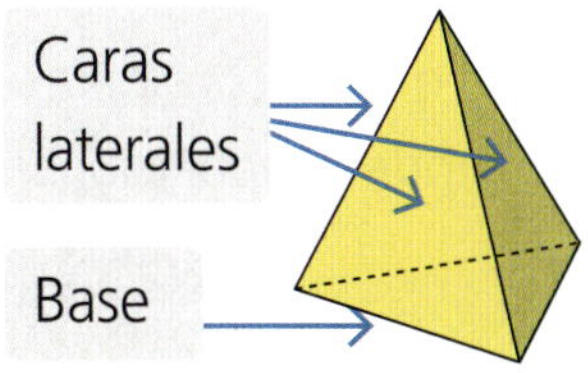

CUERPOS REDONDOS

Un **cuerpo redondo** es un cuerpo geométrico que tiene alguna **superficie curva.**

ESFERA

La **esfera** es un cuerpo redondo que tiene todos los puntos de su superficie a la misma distancia de su **centro.**

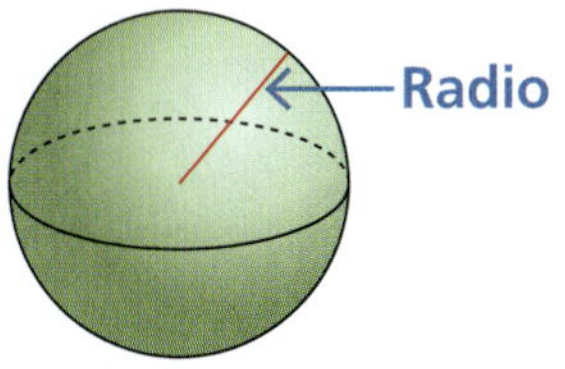

CILINDRO

El **cilindro** es un cuerpo redondo formado por **dos bases circulares** iguales y paralelas y **una cara lateral** que es un **rectángulo** enrollado.

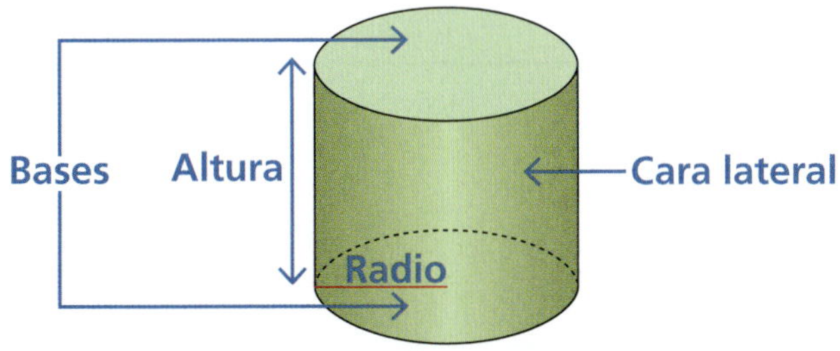

CONO

El **cono** es un cuerpo redondo formado por **una única base circular** y una **cara lateral.**

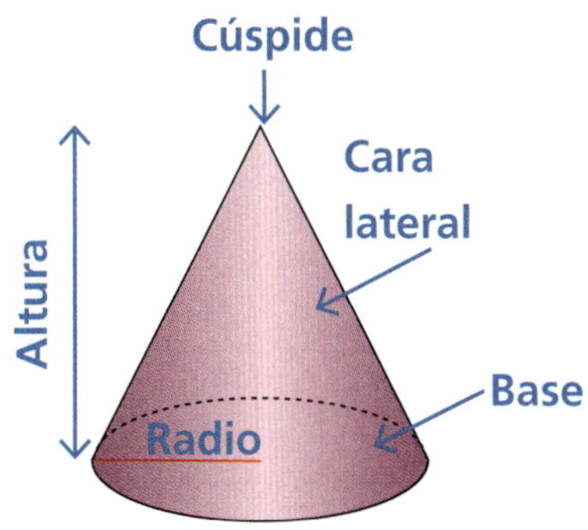

ESTADÍSTICA

Realizar un **estudio estadístico** consiste en **recoger** datos sobre una característica de un conjunto de elementos, **organizar** dichos datos, **representarlos** e **interpretarlos.**

La **población** es el conjunto de elementos que son objeto del estudio estadístico.

La **muestra** es una parte de la población sobre la que se realiza el estudio estadístico que se considera representativa de toda la población.

La **variable estadística** es la característica que se estudia de la población. Puede ser de dos tipos:

- **Variable cualitativa.** La característica es una cualidad, por lo que puede no expresarse mediante números.
- **Variable cuantitativa.** La característica se puede contar o medir, por lo que se expresa con números.

Una **encuesta** es un conjunto de preguntas que se realizan a los individuos de la muestra para obtener información sobre la variable.

RECOGIDA DE DATOS

Una vez que se ha respondido a la encuesta, se procede a la recogida de datos.

ORGANIZACIÓN DE DATOS: TABLA DE FRECUENCIAS

La **frecuencia absoluta** de un dato estadístico es el número de veces que se repite. Para realizar el **recuento,** se hace una marca cada vez que se repite un dato.

Animal favorito	Recuento	Frecuencia absoluta
Delfín	III	3
Caballo	IIII	4
Perro	IIIII I	6
Águila	II	2
Gato	IIIII	5
Total		**20**

Número de mascotas	Recuento	Frecuencia absoluta
0	IIIII	5
1	IIIII IIII	9
2	IIII	4
3	II	2
Total		**20**

INTERPRETACIÓN DE DATOS: LA MODA

La **moda** es el dato que más veces se repite, esto es, el que tiene mayor frecuencia absoluta.

GRÁFICOS ESTADÍSTICOS

DIAGRAMA DE BARRAS

Un **diagrama de barras** es un gráfico en el que los datos estadísticos se representan mediante rectángulos o barras de igual base y cuya altura representa la frecuencia absoluta de cada dato. Los diagramas de barras pueden ser **verticales** u **horizontales.**

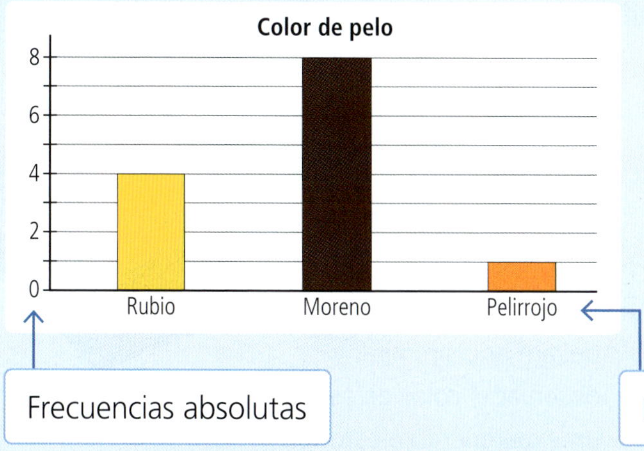

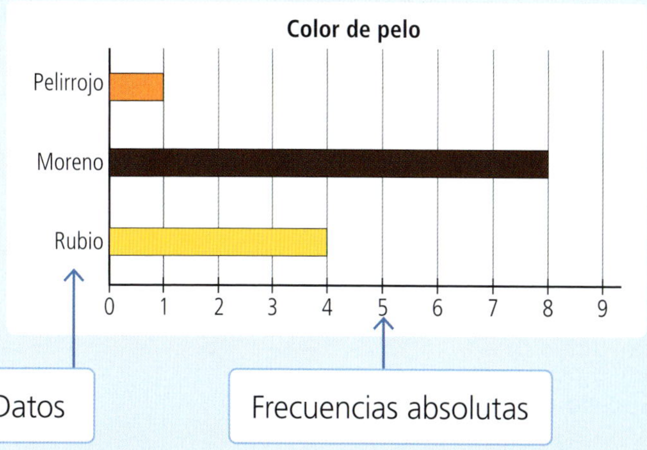

En un **diagrama de barras doble** se representan dos series de datos de la misma variable estadística.

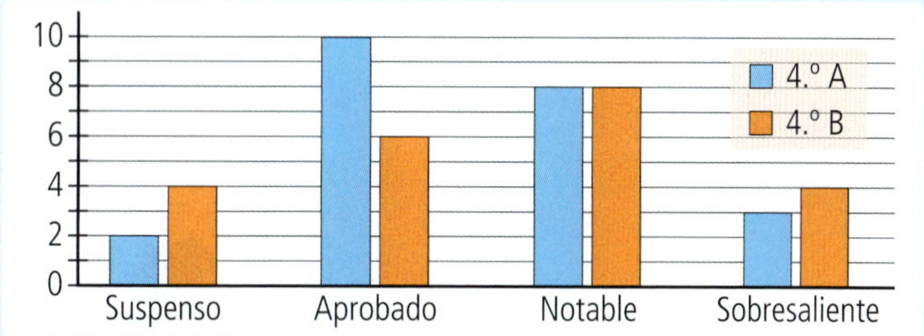

PICTOGRAMA

Un **pictograma** es un gráfico en el que los datos se representan mediante iconos. La frecuencia absoluta de cada dato viene dada por el número de iconos y el valor de estos.

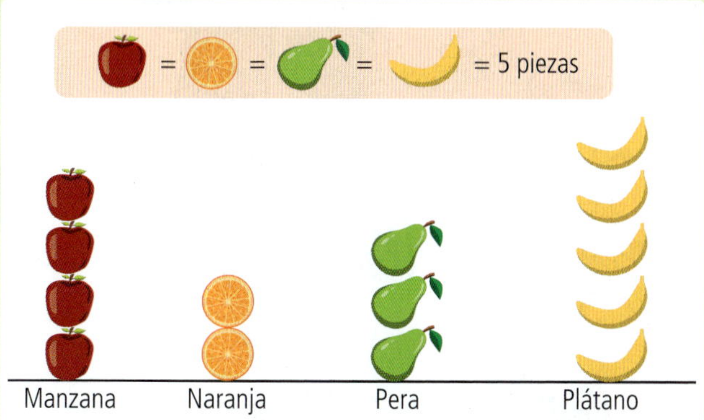

Fruta favorita	Frecuencia absoluta
Manzana	20
Naranja	10
Pera	15
Plátano	25
Total	**70**

PROBABILIDAD

Un **experimento aleatorio** es aquel cuyo resultado no se puede conocer antes de realizarlo.

Un **suceso** es cualquier observación que pueda hacerse sobre el resultado de un experimento aleatorio

Se llama **suceso elemental** a cada uno de los posibles resultados del experimento. Hay distintos tipos de sucesos:

Sacar una camiseta al azar del armario sin mirar y observar el color de esta es un experimento aleatorio.

Suceso seguro

Es aquel que ocurre siempre.

Es **seguro** que la camiseta será de uno de estos cuatro colores.

Suceso posible

Es aquel que ocurre en ocasiones.

Es **posible** que la camiseta sea roja.

Suceso imposible

Es aquel suceso que no puede ocurrir nunca.

Es **imposible** que la camiseta sea negra.

La **probabilidad** de un suceso indica la mayor o menor certeza de que ocurra al realizarse un experimento aleatorio.

Al coger una camiseta…

- Lo más probable es que sea azul.
- Es igual de probable que sea roja que verde.
- Es más probable que sea una camiseta roja que una naranja.
- La probabilidad de que sea una camiseta azul es el doble que la de que sea una roja.
- No hay ninguna probabilidad de que sea una camiseta blanca.

INTERPRETACIÓN DE IGUALDADES Y DESIGUALDADES

	Edad
Juan	8 años
Sofía	9 años
Nicolás	7 años
Mateo	8 años

- El signo **=** expresa la **igualdad** entre las expresiones que están a su izquierda y a su derecha.

  La edad de Mateo es igual a la de Juan: $8 = 8$

- El signo **≠** expresa la **desigualdad** entre las expresiones que están a su izquierda y a su derecha.

  Sofía y Nicolás tienen edades distintas: $9 \neq 7$

- Los signos **> (mayor que)** y **< (menor que)** también expresan desigualdades.

  Sofía es **mayor que** Nicolás: $9 > 7$

  Mateo es **menor que** Sofía: $8 < 9$

IDENTIFICACIÓN DE PATRONES

Un **patrón** es la forma regular en la que se disponen los elementos de una secuencia.

Existen distintos tipos de patrones según los elementos que forman la secuencia sean números o figuras. En el caso de que sean figuras, los elementos se pueden ordenar según la forma, el tamaño, la posición, el color...

Número	1, 2, 3, 4, 5, 6 … 2, 4, 6, 8, 10 …	1, 3, 1, 3, 1, 3 … 25, 22, 19, 16, 13 …
Forma		
Posición		
Color		
Tamaño		

PROGRAMACIÓN DE SECUENCIAS

Programar secuencias consiste en ordenar de manera lógica una serie de instrucciones para conseguir un objetivo.

Avanza | Gira a la derecha

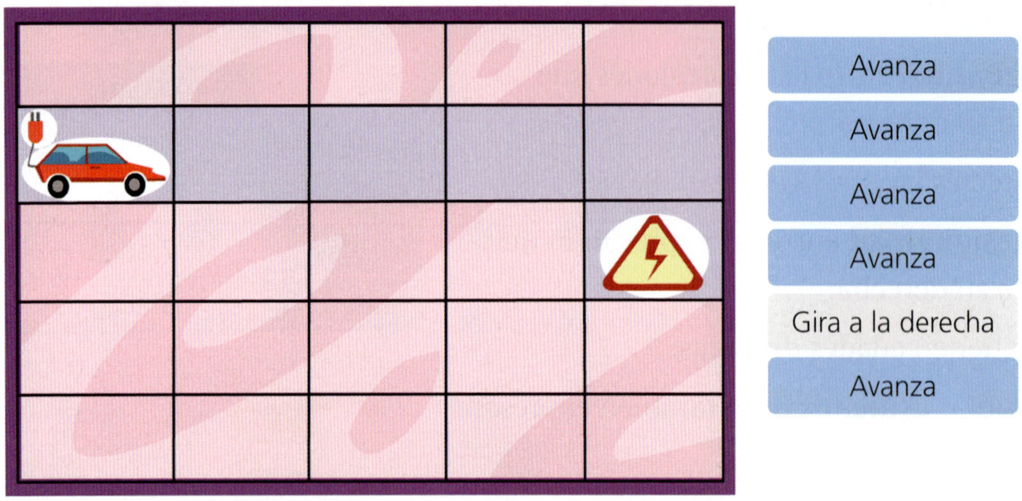

Es importante repasar las secuencias de instrucciones para encontrar y **depurar errores**.

PROGRAMACIÓN DE BUCLES

Para programar una acción o un grupo de acciones que se ejecutan varias veces de forma repetida, se usan los **bucles de repetición**.

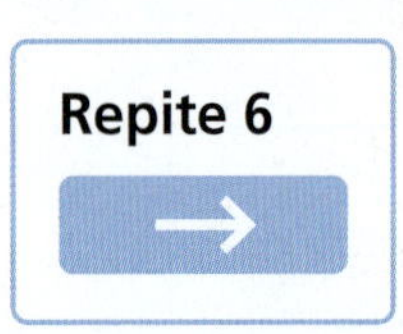

¿CÓMO RESOLVER UN PROBLEMA?

1. **Lee** el enunciado las veces que sea necesario.
2. **Identifica y subraya** los datos importantes.
3. **Localiza** la pregunta que tienes que resolver.
4. **Busca** la estrategia para encontrar la solución.
5. **Aplica** la estrategia e identifica las operaciones que debes realizar.
6. **Comprueba** que el resultado tiene sentido.
7. **Escribe** la solución con todos sus términos.

ESTRATEGIAS DE RESOLUCIÓN DE PROBLEMAS

IDENTIFICA LOS DATOS Y LA PREGUNTA Y COMPRUEBA LA RESPUESTA

Una estrategia adecuada permite identificar los datos relevantes del problema y la operación que permite resolverlo.

RELACIONA EL ENUNCIADO, LA PREGUNTA Y LA SOLUCIÓN

Identificar los diferentes elementos que componen un problema permite resolverlo de forma sencilla, pues la pregunta informa sobre los datos que necesitas identificar en el enunciado y la operación que debes realizar.

MODIFICA EL ENUNCIADO DE UN PROBLEMA PARA QUE LA RESOLUCIÓN QUE SE PRESENTA SEA CORRECTA

Examina el proceso de resolución de un problema y reconoce el dato incorrecto que impide resolver el problema. A continuación, modifica el enunciado para que la resolución sea correcta.

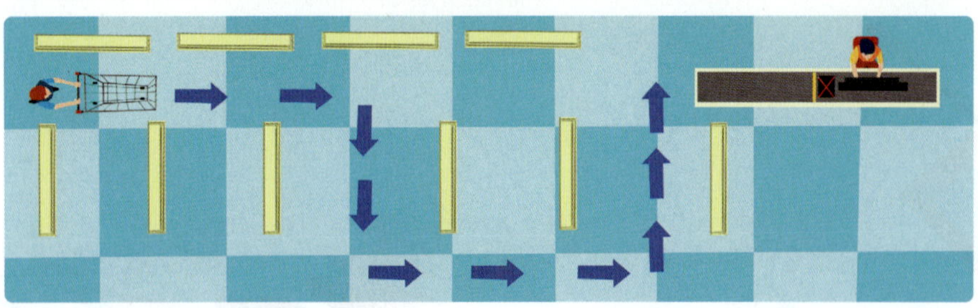

SIMPLIFICAR LOS DATOS DE UN PROBLEMA PARA SU RESOLUCIÓN

Lee el problema, identifica la pregunta y localiza los datos necesarios para responderla. Haz un dibujo o un gráfico que te ayude a comprender el problema y planifica una estrategia.

RESUELVE UN PROBLEMA EMPEZANDO POR EL FINAL

Un esquema puede ayudarte a organizar el problema para que puedas comenzar por el final.

COMPLETAR EL ENUNCIADO DE UN PROBLEMA A PARTIR DE SU RESOLUCIÓN

Lee el enunciado e identifica los datos ausentes. Seguidamente, indica a qué datos corresponden los números que aparecen en la resolución del problema y halla la solución.

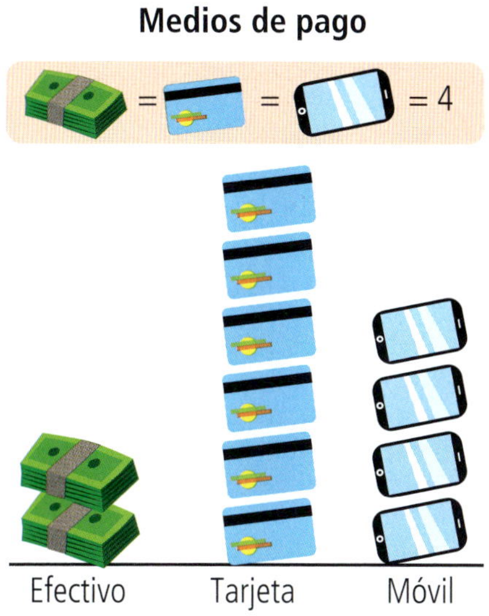

AVERIGUA EL DATO FALSO DE UN PROBLEMA

Examina con atención el enunciado del problema y su resolución para dar con el dato falso.

INVENTA Y RESUELVE UN PROBLEMA A PARTIR DE UN GRÁFICO

Examina el gráfico para interpretar la información representada e identificar los datos que necesitas conocer para resolver el problema.

RESUELVE UN PROBLEMA PASO A PASO

Asegúrate de que comprendes la situación que se plantea, para así identificar la información relevante, desestimar la que no es importante, planificar una estrategia y resolver el problema.

INVENTA Y RESPONDE PREGUNTAS

Lee con atención los textos y plantea posibles preguntas que puedan responderse mediante operaciones matemáticas entre los datos numéricos que proporciona el problema.